青藏高原

典型区饲草作物栽培与灌溉技术手册

徐冰　汤鹏程　李泽坤　任杰　刘伟　著

ཞུད་པིན། ཐང་ཕེང་ཁྲེང་། ལི་ཙེ་ཁུན། རེན་ཅེ། ལིའུ་ཝེ་རྣམས་ཀྱིས་བརྩམས།

中国水利水电出版社

www.waterpub.com.cn

·北京·

图书在版编目（CIP）数据

青藏高原典型区饲草作物栽培与灌溉技术手册 / 徐冰等著. -- 北京 : 中国水利水电出版社, 2019.9
ISBN 978-7-5170-7841-8

Ⅰ. ①青… Ⅱ. ①徐… Ⅲ. ①青藏高原－牧草－栽培技术－技术手册②青藏高原－牧草－灌溉－技术手册
Ⅳ. ①S54-62

中国版本图书馆CIP数据核字(2019)第150135号

书 名	**青藏高原典型区饲草作物栽培与灌溉技术手册** མཚོ་བོད་མཐོ་སྒང་གི་དཔེ་མཚོན་ལྡན་པའི་ས་ཁུལ་གྱི་གཟན་རྩྭའི་ལོ་ཏོག་གི་འདེབས་འཛུགས་དང་ཆུ་འདྲེན་ལག་རྩལ་གྱི་ལག་དེབ།
作 者	徐冰 汤鹏程 李泽坤 任杰 刘伟 著
出版发行	中国水利水电出版社 （北京市海淀区玉渊潭南路1号D座 100038） 网址：www.waterpub.com.cn E-mail: sales@waterpub.com.cn 电话：（010）68367658（营销中心）
经 售	北京科水图书销售中心（零售） 电话：（010）88383994、63202643、68545874 全国各地新华书店和相关出版物销售网点
排 版	中国水利水电出版社微机排版中心
印 刷	北京博图彩色印刷有限公司
规 格	184mm×130mm 横32开 1.25印张 34千字
版 次	2019年9月第1版 2019年9月第1次印刷
定 价	18.00元

本手册为水利部牧区水利科学研究所、中国科学院地理科学与资源研究所研究成果，手册适用于青藏高原地区青稞、燕麦地面灌溉及栽培种植参考。

ལག་དེབ་དེ་ནི་ཆུ་བེད་པུའི་འབྲོག་ཁུལ་ཆུ་བེད་ཚན་རིག་ཞིབ་འཇུག་ཁང་དང་ཀྲུང་གོ་ཚན་རིག་ཁང་ས་ཁམས་ཚན་རིག་དང་ཐོན་ཁུངས་ཞིབ་འཇུག་ཁང་གཉིས་ཀྱིས་མཉམ་ལས་ཞིབ་འཇུག་བྱས་པའི་གྲུབ་འབྲས་ཡིན་པ་དང་ལག་དེབ་དེ་མཚོ་བོད་མཐོ་སྒང་ས་ཁུལ་གྱི་ནས་དང་ཡུག་པོའི་ཆུ་འདྲེན་དང་འདེབས་འཛུགས་བྱེད་པའི་དཔྱད་གཞིར་སྤྱོད་ན་འཚམས།

目　录

དཀར་ཆག

什么是作物生育期？
ལོ་ཏོག་གི་སྐྱེ་དུས་ཟེར་བ་གང་ལ་ཟེར་རམ།

作物自播种到收获的时间段称为作物生育期，一般包括出苗、分蘖、拔节、灌浆、成熟等关键生育阶段。

ས་བོན་བཏབ་པ་ནས་འབྲས་བུ་བསྡུ་བའི་མཚམས་དེར་ཟེར། སྤྱིར་བཏང་དུ་ལྡང་པ་རྒྱས་པའི་དུས་དང་། ཡལ་ག་རྒྱས་པ། སྙེ་ཚིགས་ཐོན་པ། ལོ་ཏོག་མིག་རྒྱག འབྲས་བུ་སྨིན་པ་ལ་སོགས་འགག་རྩའི་དུས་རིམ་འགའ་ཡོད།

什么是作物需水量?

生育期内为满足作物基本生长发育所需要吸收的水分总量，通常以 mm 或 m^3/ 亩计。燕麦、青稞全生育期多年平均需水量约 300m^3/ 亩。

ལོ་ཏོག་གི་ཆུའི་མཐོ་ཚད་ཟེར་བ་གང་ཡིན་ནམ།

ལོ་ཏོག་སྐྱེ་འཚར་གྱི་དུས་རིམ་ནང་ལོ་ཏོག་གི་གཞི་རྩའི་སྐྱེ་འཕེལ་འཚར་ལོངས་ཀྱི་དགོས་མཁོ་སྐོང་བའི་བརྟན་གཤེར་གྱི་བསྡོམས་འབོར་ལ་ཟེར། སྤྱིར་བཏང་དུ་མུའུ་རེར་ཧྲའོ་སྨི་དང་སྨི་རང་གསུམ་བསྒྱུར་གྱིས་རྩིས་ཀྱི་ཡོད། ཡུག་པོ་དང་ནས་ཀྱི་སྐྱེ་ཡུན་ཧྲིལ་པོའི་ལོ་མང་པོའི་ཆ་སྙོམས་ཀྱི་ཆུའི་མཐོ་ཚད་དེ་ཕལ་ཆེར་མུའུ་རེར་སྨི་རང་གསུམ་བསྒྱུར་སུམ་བརྒྱ་དགོས་ཀྱི་ཡོད།

常用的灌溉形式都有哪些？

主要有畦灌、漫灌、喷灌、滴灌等，目前西藏地区主要采用的灌溉形式为漫灌和畦灌。

རྒྱུན་མཐོང་གི་ཞིང་ཆུ་འདྲེན་ཐབས་མི་འདྲ་བ་གང་དག་ཡོད།

གཙོ་བོ་རྣང་མར་ཆུ་འདྲེན་པ་དང་ཞིང་ཆུ་རང་དགར་གཏོང་བ། ཞིང་ཆུ་གཏོར་འཁྲིམ། ད་དུང་འཐིགས་ཆུ་གཏོང་བ་སོགས་ཡོད། དེང་སྐབས་བོད་ཁུལ་དུ་ཞིང་ཆུ་འདྲེན་ཐབས་གཙོ་བོ་ནི་ཞིང་ཆུ་རང་དགར་གཏོང་བ་དང་རྣང་མར་ཆུ་འདྲེན་ཐབས་དེ་གཉིས་ཡིན།

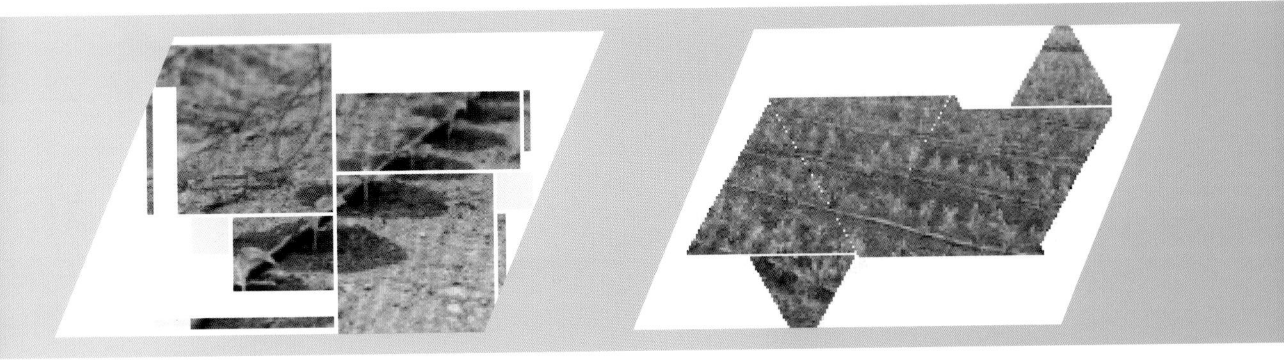

什么是漫灌？

གང་འདྲ་ཞིག་ལ་ཞིང་ཆུ་རང་དགར་གཏོང་བ་ཟེར་རམ།

田间不做任何处理，引水至田间后，水流自然流淌。省力，但较费水。

ཞིང་ཁའི་ནང་བཟོ་སྒྲོན་གང་ཡང་མ་བྱས་པར་ཆུ་ཞིང་ཁར་དྲངས་རྗེས་ཆུ་རང་དགར་ཞིང་སའི་ནང་སིམ་བཞུར་བྱེད་པ་ལ་ཟེར། སྣབས་བདེ་ཡང་ཆུ་མང་པོ་འཕྲོ་བརླག་འགྲོ་གི་ཡོད།

什么是畦灌？

གང་འདྲ་ཞིག་ལ་ཞིང་མར་ཆུ་འདྲེན་པ་ཟེར།

在耕地内以土埂分隔形成条形畦田，水流借助重力作用沿畦长方向流动进行灌溉，比漫灌省水，但需耗费一定人力。

སོ་ཞིང་ནང་དུ་ཞིང་ཚིགས་བཅད་ནས་ཞིང་མའི་དབྱིབས་ཀྱི་ཞིང་ཁ་གྲུབ་རྗེས་རྒྱུག་ཆུའི་ལྗིད་ཤུགས་ལ་བརྟེན་ནས་ཞིང་འབུར་དེད་དེ་བཞུར་རྒྱུགས་བྱེད་པ་ལ་ཞིང་མར་ཆུ་འདྲེན་ཐབས་ཟེར། ཞིང་ཆུ་རང་དགར་གཏོང་བ་དང་བསྡུར་ན་ཆུ་གྲོན་ཆུང་ཐུབ་ཀྱང་མི་ཤུགས་ངེས་ཅན་ཞིག་ཟད་འགྲོ་གི་ཡོད།

不同生育期灌溉需要注意什么？

作物生育期	播种前	苗期	拔节期	灌浆期	成熟期
灌溉技术要点	播前灌溉尤为重要，主要是为了保证出苗顺利	苗期灌溉要控制水量和水速，以防淹苗、冲苗	拔节期与灌浆期是日需水量最大的时候，如果此时降雨较少，土壤较为干旱应及时灌溉		此时不宜过多灌溉，过多灌溉反而易导致作物倒伏

燕麦

青稞

སྐྱེ་ཡུན་མི་འདྲ་བར་ཆུ་འདྲེན་སྐབས་དོ་སྣང་བྱེད་དགོས་པ་གང་ཡོད།

ལོ་ཏོག་གི་སྐྱེ་ཡུན།	མ་བཏབ་གོང་།	ལྡང་པ་རྒྱས་པའི་དུས།	སྙེ་ཚོགས་ཐོན་པའི་དུས།	ལོ་ཏོག་མིག་རྒྱག་དུས།	འབྲས་བུ་སྨིན་པའི་དུས།
ཆུ་འདྲེན་ལག་རྩལ་གྱི་ཤེས་བྱ།	ས་བོན་མ་བཏབ་གོང་ལ་ཆུ་འདྲེན་པ་ནི་གལ་འགངས་ཤིན་ཏུ་ཆེ།དེ་ནི་ལྡང་པ་ཐོན་པར་འགན་ལེན་བྱེད་ཕྱིར་ཡིན།	ཆུ་འདྲེན་སྐབས་ཆུ་མང་ཉུང་དང་ཆུ་ཤུགས་ཆེ་ཆུང་ལ་ཚོད་འཛིན་བྱས་ཏེ་ལྡང་པ་ཆུར་ནུབ་པ་དང་རྒུས་འཁྱེར་བའི་གནས་ཚུལ་སྔོན་འགོག་བྱེད་དགོས།	སྙེ་ཚོགས་ཐོན་པའི་དུས་དང་འབྲས་བུ་དར་བའི་དུས་ནི་ལོ་ཏོག་ལ་ཆུ་དགོས་མཐོ་ཆེ་ཤོས་ཀྱི་དུས་ཡིན། གལ་ཏེ་དེ་དུས་ཆར་པ་ཉུང་ཚེ་ཐན་པ་བརྟན་པའི་ཉེན་ཁ་ཡོད་པས་དུས་ཐོག་ལ་ཆུ་འདྲེན་དགོས།		དེ་དུས་ཆུ་མང་པོ་འདྲེན་མི་ཉན། ཆུ་མང་དྲག་ན་ལོ་ཏོག་བསྙིལ་འགྲོ་བས་སྐྱེ་འཚར་ལ་སྐྱོན་བྱེད་ཀྱི་ཡོད།

ཡུག་པོ།

ནས།

青稞应该什么时候灌溉？每次灌多少水？

青稞生育期灌溉 3~4 次，每次灌溉用水量 30~45m^3/ 亩，全生育期灌溉用水总量 100~155 m^3/ 亩。

水文年型	灌溉制度				
正常年份	灌溉时间	4 月中旬	5 月中下旬	6 月中下旬	
	灌溉定额	30m^3/ 亩	30m^3/ 亩	40m^3/ 亩	
干旱年份	灌溉时间	4 月中旬	5 月中下旬	6 月中下旬	7 月中上旬
	灌溉定额	35m^3/ 亩	35m^3/ 亩	45m^3/ 亩	40m^3/ 亩

ནས་ལ་ཆུ་ག་དུས་འདྲེན་ན་བཟང་ངམ། ཐེངས་རེར་ཆུ་ཇི་ཙམ་འདྲེན་ན་བཟང་ངམ།

ནས་ཀྱི་སྐྱེ་འཚར་དུས་རིམ་ནང་ཆུ་ཐེངས་3~4བར་རྒྱག་དགོས་པ་དང་ཐེངས་རེར་མུའུ་རེར་ཆུ་སྨི་རང་གསུམ་བསྒྱུར་30~45བར་རྒྱག་དགོས། སྐྱེ་ཡུན་ཧྲིལ་པོར་ཆུ་གཏོང་བའི་བསྡོམས་འབོར་ནི་མུའུ་རེར་སྨི་རང་གསུམ་བསྒྱུར་100~155(m^3)བར་དགོས།

ཆུ་དཔྱད་ལོ་ཟླ།	ཆུ་འདྲེན་ལམ་ལུགས།				
རྒྱུན་ལྡན་ལོ་ཟླ།	ཆུ་འདྲེན་དུས་ཚོད།	ཟླ་བ་བཞི་པའི་ཟླ་དཀྱིལ།	ཟླ་བ་ལྔ་པའི་ཟླ་དཀྱིལ་ཟླ་སྨད།	ཟླ་བ་དྲུག་པའི་ཟླ་དཀྱིལ་ཟླ་སྨད།	
	ཆུ་འདྲེན་བཅད་གྲངས།	30m^3/མུའུ།	30m^3/མུའུ།	40m^3/མུའུ།	
ཐན་པ་བརྟན་པའི་ལོ་ཟླ།	ཆུ་འདྲེན་དུས་ཚོད།	ཟླ་བ་བཞི་པའི་ཟླ་དཀྱིལ།	ཟླ་བ་ལྔ་པའི་ཟླ་སྨད།	ཟླ་བ་དྲུག་པའི་ཟླ་སྨད།	ཟླ་བ་བདུན་པའི་ཟླ་སྟོད།
	ཆུ་འདྲེན་བཅད་གྲངས།	35m^3/མུའུ།	35m^3/མུའུ།	45m^3/མུའུ།	40m^3/མུའུ།

燕麦应该什么时候灌溉？每次灌多少水？

燕麦生育期灌溉 3~4 次，每次灌溉用水量 35~45m^3/ 亩，全生育期灌溉用水总量 110~165 m^3/ 亩。

水文年型	灌溉制度				
正常年份	灌溉时间	4 月中旬	5 月中下旬	6 月中下旬	
	灌溉定额	35m^3/ 亩	35m^3/ 亩	40m^3/ 亩	
干旱年份	灌溉时间	4 月中旬	5 月中下旬	6 月中下旬	7 月中上旬
	灌溉定额	40m^3/ 亩	40m^3/ 亩	45m^3/ 亩	40m^3/ 亩

ཡུག་པོར་ཆུ་ག་དུས་འདྲེན་ན་བཟང་ངམ། ཐེངས་རེར་ཆུ་ཇི་ཙམ་འདྲེན་ན་བཟང་ངམ།

ཡུག་པོའི་སྐྱེ་འཚར་དུས་རིམ་ནང་ཆུ་ཐེངས་3~4བར་རྒྱག་དགོས་པ་དང་ཐེངས་རེར་མུའུ་རེར་ཆུ་སྨི་རང་གསུམ་བསྒྱུར་35~45བར་རྒྱག་དགོས། སྐྱེ་ཡུན་ཧྲིལ་པོར་ཆུ་གཏོང་བའི་བསྡོམས་འབོར་ནི་མུའུ་རེར་སྨི་རང་གསུམ་བསྒྱུར་110~165(m^3)བར་དགོས།

ཆུ་དཔྱད་ལོ་ན།	ཆུ་འདྲེན་ལམ་ལུགས།				
རྒྱུན་ལྡན་ལོ་ན།	ཆུ་འདྲེན་དུས་ཚོད།	ཟླ་བ་བཞི་པའི་ཟླ་དཀྱིལ།	ཟླ་བ་ལྔ་པའི་ཟླ་དཀྱིལ་ཟླ་སྨད།	ཟླ་བ་དྲུག་པའི་ཟླ་དཀྱིལ་ཟླ་སྨད།	
	ཆུ་འདྲེན་བཅད་གྲངས།	$35m^3$/མུའུ།	$35m^3$/མུའུ།	$40m^3$/མུའུ།	
ཐན་པ་བརྟན་པའི་ལོ་ན།	ཆུ་འདྲེན་དུས་ཚོད།	ཟླ་བ་བཞི་པའི་ཟླ་དཀྱིལ།	ཟླ་བ་ལྔ་པའི་ཟླ་སྨད།	ཟླ་བ་དྲུག་པའི་ཟླ་སྨད།	ཟླ་བ་བདུན་པའི་ཟླ་སྟོད།
	ཆུ་འདྲེན་བཅད་གྲངས།	$40m^3$/མུའུ།	$40m^3$/མུའུ།	$45m^3$/མུའུ།	$40m^3$/མུའུ།

燕麦和青稞适合在什么样的土壤种植?

燕麦、青稞总体上对土壤要求不严。

其中青稞不耐酸但耐盐碱，但以种植在土层深厚、排水良好、中等黏性土壤为好。

燕麦种植在富含腐殖质的黏壤土最为适宜，在黏重潮湿的低洼地上表现良好，在干燥的砂土上表现较差。

ཡུག་པོ་དང་ནས་གཉིས་ས་རྒྱུ་གང་འདྲ་བཏབ་ན་དགའ་འམ།

ཡུག་པོ་དང་ནས་ཀྱིས་སྤྱིར་བཏང་ནས་ས་རྒྱུ་ལ་རེ་བ་མཐོ་པོ་དེ་ཙམ་མེད། དེའི་ནང་དུ་ནས་ཀྱིས་སྐྱུར་ལ་བཟོད་མ་ཐུབ་ཀྱང་བ་ཚྭ་ཅན་ལ་བཟོད་ཐུབ། འོན་ཀྱང་ས་རིམ་མཐུག་པོ་དང་ཆུ་འགྲོ་ས་བདེ་བ། འབྲིང་རིམ་གྱི་འབྱུར་བག་ཅན་གྱི་ས་ལ་བཏབ་ན་ལེགས། ཡུག་པོ་ནི་རུལ་རྫས་འབེལ་བའི་འབྱུར་བག་ཅན་གྱི་ས་ཆར་བཏབ་ན་ལེགས། དཔེར་ན་རླན་གཤེར་ཆེ་བའི་གཤོང་སར་བཏབ་ཆེ་སྐྱེ་འབྲས་བཟང་བ་དང་སྨམ་ཤས་ཆེ་བའི་བྱེ་སར་བཏབ་ཆེ་སྐྱེ་འབྲས་དེ་ཙམ་ལེགས་པོ་མེད།

如何翻耕与整地?

燕麦与青稞根系都很发达，生长快，收获后秋季及时灭茬；翻耕 20cm 以上，将根茬、有机肥翻入土壤下层。

ཇི་ལྟར་བྱས་ནས་ས་ཞིང་ལ་རྨོན་པ་རྒྱག་པ་དང་ས་ཕོད་སྙོམ་དགོས།

ཡུག་པོ་དང་ནས་ཀྱི་རྩ་ལག་དར་རྒྱས་ཆེ་བ་དང་། སྐྱེས་འཚར་མགྱོགས་པས་སྟོན་ཁ་འབྲས་བུ་བསྡུས་རྗེས་དུས་ཐོག་ཏུ་སོག་ཤུལ་སེལ་དགོས་པ་དང་། རྨོས་ལོག་ལི་སྨིད་20ཙམ་བྱས་ནས་སོག་ལྷམ་དང་སྐྱེ་ལྡན་ལུད་རྣམས་ས་འོག་ཏུ་སྦུམ་དགོས།

目前西藏地区青稞主栽品种有哪些？

མིག་སྔར་བོད་ལྗོངས་ཀྱི་འདེབས་གསོ་བྱས་པའི་ནས་ལ་རིགས་རྒྱུད་མི་འདྲ་བ་གང་དག་ཡོད་དམ།

主要有“藏青320”“喜玛拉19号”“藏青2000”“冬青18”“喜玛拉22号”等。这些品种产量相对较高，抗逆性较好。

གཙོ་བོ་བོད་ཀྱི་ནས་ཨང་320རྟགས་ཅན། ཧི་མ་ལ་ཡ་ཨང་19རྟགས་ཅན། བོད་ཀྱི་ནས་ཨང་2000རྟགས་ཅན། དགུན་འབྲུ་ཨང་18རྟགས་ཅན། ཧི་མ་ལ་ཡ་ཨང་22རྟགས་ཅན་སོགས་ཡོད། རིགས་རྒྱུད་དེ་རྣམས་ལ་ཐོན་ཚད་ཆེ་ཞིང་ཉེན་འགོག་རང་བཞིན་ཆེ་བའི་དགེ་མཚན་ལྡན་ཡོད།

目前西藏地区燕麦的主栽品种有哪些?

མིག་སྔར་བོད་ཁུལ་དུ་འདེབས་གསོ་བྱས་པའི་ཡུག་པོ་ལ་རིགས་རྒྱུད་མི་འདྲ་བ་གང་དག་ཡོད་དམ།

以收获籽实为目的的主推品种有青引 1 号、青引 2 号、白燕 2 号等。

以收获青饲草为目的的主推品种有 709、118、343、409、丹麦 444 等。

འབྲས་བུ་བསྡུ་བ་དམིགས་ཡུལ་དུ་བྱས་པའི་གཙོ་བོའི་རིགས་རྒྱུད་དང་པོ་དང་ གཉིས་པ།ཡུག་པོ་དཀར་པོ་སོགས་དང་། གཟན་ཆས་བསྡུ་བ་དམིགས་ཡུལ་དུ་བྱས་པའི་གཙོ་བོའི་རིགས་རྒྱུད་709དང་118 343 409ད་དུང་ཏན་མའི་444སོགས་ཡོད།

青稞、燕麦可选择的播种方式有哪些？

青稞、燕麦属于密植类作物，可条播、可撒播。条播时建议使用种肥分层播种机播种，省时省力。

作物类型	海拔 /m	撒播播种量 /（kg/ 亩）	机播播种量 /（kg/ 亩）	播种深度 /cm	条播行距 /cm
青稞	3500~4000	15~20	15~16	1.5~2.5	10~15
	4000~4500	20~25	16~17	2.5~3.5	10~15
燕麦	3500~4000	15~20	15~20	2~5	15~20
	4000~4500	20~25	15~20	2~5	15~20

ནས་དང་ཡུག་པོའི་འདེབས་འཛུགས་རྣམ་པ་མི་འདྲ་བ་གང་དག་ཡོད་དམ།

ནས་དང་ཡུག་པོ་ནི་མཐུག་འདེབས་རྫི་ཞིང་ཁོངས་སུ་གཏོགས། དེ་གཉིས་རོལ་འདེབས་བྱས་ཆོག་ལ། ཐོར་འདེབས་ཀྱང་བྱས་ཆོག རོལ་འདེབས་བྱེད་དུས་སོན་དང་ལུད་གཉིས་བང་རིམ་དབྱེ་ནས་འདེབས་བྱེད་ཀྱི་འཕྲུལ་འཁོར་བེད་སྤྱོད་ན་དུས་ཚོད་དང་ངལ་ཤུགས་གཉིས་ཀར་གྲོན་ཆུང་ཐུབ།

ལོ་ཏོག་རིགས།	ས་བབ་མཐོ་ཚད།（སྨིད་）	ཐོར་འདེབས་མང་ཉུང་།（སྟོང་ཁ་/མུའུ་）	འཕྲུལ་འདེབས་མང་ཉུང་།（སྟོང་ཁ་/མུའུ་）	གཏིང་ཚད།（ལི་སྨིད་）	རོལ་འདེབས་བར་གསེང་།（ལི་སྨིད་）
ནས	3500~4000	15~20	15~16	1.5~2.5	10~15
	4000~4500	20~25	16~17	2.5~3.5	10~15
ཡུག་པོ།	3500~4000	15~20	15~20	2~5	15~20
	4000~4500	20~25	15~20	2~5	15~20

什么时候播种?

西藏春季干燥寒冷，地温较低，各地无霜期长短不同，不同地区播种期略有差别。

作物类型	土壤水分条件	土壤温度条件	一般播种时间	注意事项
春青稞	含水率 10% 以上	5℃以上	4 月上旬至 4 月下旬	注意春旱
冬青稞	含水率 10% 以上	5℃以上	10 月上旬至 10 月中旬	保证越冬前灌溉
燕麦	含水率 15% 左右	10℃以上	4 月中旬至 5 月中旬	注意晚霜危害

ག་དུས་འདེབས་འཛུགས་བྱས་ན་བཟང་ངམ།

བོད་ལྗོངས་ཀྱི་དཔྱིད་དུས་སྐམ་ཞིང་གྲང་ངར་ཆེ་བས་ས་ངོས་ཀྱི་དྲོད་ཚད་ཅུང་དམའ། མ་ཟད་ས་གནས་ཁག་གི་བད་མི་རྒྱག་པའི་དུས་ཡུན་གྱི་རིང་ཐུང་ཡང་མི་འདྲ་བས་ས་གནས་ཁག་གི་འདེབས་འཛུགས་ཀྱི་དུས་ཡུན་ལའང་ཁྱད་པར་ངེས་ཅན་ཡོད།

ལོ་ཏོག་རིགས།	ས་རྒྱུའི་རླན་གཤེར་ཆ་རྐྱེན།	ས་རྒྱུའི་དྲོད་ཚད་ཆ་རྐྱེན།	སྤྱིར་བཏང་གི་འདེབས་གསོའི་དུས་ཚོད།	དོ་སྣང་བྱེད་དགོས་པ།
ནས	ཆུའི་ཚད10%ཡན།	5℃ཡན།	ཟླ་བ་བཞི་པའི་ཚེས་ཤར་ནས་ཟླ་མཇུག་བར།	ཐན་པ་འགོག་དགོས།
དཀུན་འབྲུ།	ཆུའི་ཚད10%ཡན།	5℃ཡན།	ཟླ་བ་བཅུ་པའི་ཚེས་ཤར་ནས་ཟླ་མཇུག་བར།	དཀུན་མ་འགྲིམ་གོང་ངེས་པར་ཆུ་འདྲེན་དགོས།
ཡུག་པོ།	ཆུའི་ཚད15%གཡས་གཡོན།	10℃ཡན།	ཟླ་བ་བཞི་པའི་ཟླ་དཀྱིལ་ནས་ལྔ་པའི་ཟླ་དཀྱིལ་བར།	བད་ཀྱི་གནོད་ཆེ་འགོག་དགོས།

如何施肥？

收获籽粒的宜在灌浆期追肥（1~2 次），收青饲草的宜在拔节期追肥（1~2 次）。

作物类型	基肥（农家肥）/（kg/ 亩）	种肥（复合肥）/（kg/ 亩）	追肥（复合肥）/（kg/ 亩）
青稞	50~70	7.5~10	10~15
燕麦	90~120	10~15	10~15

ཤུད་ཇི་ལྟར་རྒྱག་དགོས།

འབྲས་བུ་བསྡུ་བའི་ལོ་ཏོག་ཡིན་ཚེ་འབྲས་བུ་དར་སྐབས་ཤུད་ཐེངས་1~2བར་བརྒྱབ་ན་ཆོག སྔོན་པོར་བསྡུས་ནས་གཟན་ཆས་བྱེད་མཁན་ཡིན་ཚེ། ཚོགས་ཆག་སྐབས་ཤུད་ཐེངས་1~2བར་བརྒྱབ་ན་ཆོག

ལོ་ཏོག་རིགས།	གཏིང་ཤུད། (ཁྲིམ་ཤུད་) (སྐྱོང་ཁེ་/སྨུའུ་)	ནས་ཤུད། (མཉམ་འདུས་རྫས་ཤུད་) (སྐྱོང་ཁེ་/སྨུའུ་)	ཁ་ཤུད། (མཉམ་འདུས་རྫས་ཤུད་)(སྐྱོང་ཁེ་/སྨུའུ་)
ནས	50~70	7.5~10	10~15
ཕྱུག་པོ།	90~120	10~15	10~15

如何补苗和除草?

补苗：青稞、燕麦 2~4 叶期及时查苗补缺，缺苗断垄的用同一品种催芽补种，缺苗严重的需要重播。
除草：青稞、燕麦在苗期至分蘖期进行中耕除草 1~2 次。同时可采用一定的化学除草方法在 3~4 叶期进行防除。

ལྗང་བུ་གསབ་འཛུགས་དང་རྩ་ངན་ཧྲི་ལྷར་བགོག་དགོས།

ལྗང་བུ་གསབ་འཛུགས། ནས་དང་ཡུག་པོའི་ལོ་མ་2~4བར་ཐོན་སྐབས་དུས་ཐོག་ཏུ་ལྗང་བུའི་སྐྱེ་འཚར་ལ་དོ་སྣང་བྱས་ཏེ། དོན་དངོས་ལ་གཞིགས་ནས་ལྗང་བུ་གསབ་འཛུགས་བྱེད་དགོས་པ་སྟེ། ཚབས་ཆུང་ན་བར་གསེང་དུ་གསབ་འདེབས་དང་། ཚབས་ཆེ་ན་ལེབ་ཞིང་དུ་སྐྱར་འདེབས་བྱེད་དགོས།

རྩ་ངན་བགོག་པ། ནས་དང་ཡུག་པོ་སྨྱུ་གུ་ཆགས་དུས་ནས་ལྗང་པ་ཆགས་དུས་བར་ཡུར་མ་ཐེངས་1~2བར་ཡུར་དགོས་པ་དང་ལོ་ཏོག་ལོ་མ་3-4བར་ཐོན་སྐབས་རྫས་འགྱུར་སྨན་ལ་བརྟེན་ནས་རྩ་ངན་བགོག་ན་ཆོག

病害防治需要注意哪些问题？

ནད་སྐྱོན་འགོག་བཅོས་ཇི་ལྟར་བྱེད་དགོས་སམ།

青稞、燕麦常见的病害有黑穗病、条纹病、锈病；可用多菌灵、甲基托布津等喷雾防病。

ནས་དང་ཡུག་པོའི་རྒྱུན་མཐོང་ནད་གཞམ་གསལ།
སྙེ་མ་ནག་པོར་གྱུར་བ། ཤར་ཐིག་མང་བ། གཡའ་ནད་སོགས་ཡོད། ནད་དེ་དག་ལ་ང་ཚོས་རྫས་འགྱུར་སྨན། དུག་འབུ་རྣམ་འཛོམས（多菌灵）དང་། ཅ་ཅི་ཐོ་པུའི་ཅིན་（甲基托布津）ལ་སོགས་ལ་བརྟེན་ནས་ནད་འགོག་བྱེད་དགོས།

虫害防治需要注意哪些问题？

ནད་འབུ་འགོག་བཅོས་ལ་དོ་སྣང་བྱེད་དགོས་པ་གང་དག་ཡོད།

青稞虫害有青稞象甲、西藏穗螨、蚜虫等。燕麦虫害有粘虫、蓟马、蚜虫等。一般病害可用 5% 溴氰菊酯、吡虫啉等防治；粘虫可用来福灵乳油 15~20mL 兑水 60kg 喷雾处理。

ནས་ཀྱི་ཤིང་ཕྲག་འབུ་དང་། བོད་སྙིངས་སྙེ་འབུ། གནོད་འབུ་ལ་སོགས་ནས་ཀྱི་གནོད་འབུ་དང་། སྲྨར་འབུ། ཅི་མ་གནོད་འབུ་སོགས་ཡུག་པོའི་གནོད་འབུ་ཡིན། སྤྱིར་བཏང་གི་ནད་འབུར་5%ཞིའུ་ཆིང་ཛུའུ་ཀྲི(溴氰菊酯)དང་འབུ་འཇོམས་པི་ཁྲུང་ལིན་(吡虫啉)སོགས་ཀྱིས་འགོག་བཅོས་བྱས་ན་ཆོག སྲྨར་འབུར་ལའེ་ཧྥུའུ་ལིན་གཤེར་སྣུམ། (来福灵乳油)ཧའོ་ཧྲེང་12~15ནང་ཆུ་སྟོང་ཁེ་60བསྲེས་ནས་གཏོར་ན་ཆོག

如何进行轮作与混播?

青稞（冬、春青稞）、麦类（燕麦、小麦）、油菜与豆类播种（一般为油菜与豌豆混播）面积各占 1 / 3，3 年一个轮作期的“三三制”轮作倒茬做法。

རེས་འདེབས་དང་བསྲེས་འདེབས་ཇི་ལྟར་བྱེད་དགོས་སམ།

དགུན་འབྲུ་དང་ནས། གྲོ་དང་ཡུག་པོ། ད་དུང་པད་ཀ་དང་སྲན་མའི་རིགས། (སྤྱིར་བཏང་ནས་པད་ཀ་དང་སྲན་མའི་རིགས་བསྲེས་འདེབས་བྱེད་ཀྱི་ཡོད།) རྒྱ་ཁྱོན་སོ་སོར་1/3ཙམ་ཟིན་གྱི་ཡོད། ལོ་གསུམ་རེར་རེས་འདེབས་རེ་བྱེད་ཀྱི་ཡོད།

何时收获？

不同海拔地区以及不同收获目的导致青稞、燕麦收获时间略有区别。

作物类型	海拔 /m	收获时间	
		收获青饲料	收获籽粒
青稞	3500~4000	青稞一般不作青饲作物	8 月中旬左右
	4000~4500		8 月下旬左右
燕麦	3500~4000	8 月中旬左右	9 月上旬左右
	4000~4500	9 月上旬左右	9 月下旬左右

ལོ་ཏོག་ག་དུས་བསྡུ་ཡི་ཡོད།

ས་བབ་མཐོ་དམའ་དང་ལོ་ཏོག་བསྡུ་བའི་དམིགས་ཡུལ་ལ་བཞིགས་ནས་ ནས་དང་ཡུག་པོ་བསྡུ་བའི་དུས་ཚོད་ལ་ཁྱད་པར་ཅུང་ཙམ་ཡོད།

ལོ་ཏོག་རིགས།	ས་བབ་མཐོ་ཚད་ (སྨི)	འབྲུ་རིགས་བསྡུ་བའི་དུས་ཚོད།	
		གཟན་ཆས་ལོ་ཏོག་བསྡུ་བ།	འབྲུ་རིགས་བསྡུ་བ།
ནས	3500~4000	ནས་སྨིན་བཏང་ནས་གཟན་ཆས་ལོ་ཏོག་གི་ཁོངས་སུ་མི་གཏོགས།	ཟླ་བ་བརྒྱད་པའི་ཟླ་དཀྱིལ་གཡས་གཡོན།
	4000~4500		ཟླ་བ་བརྒྱད་པའི་ཟླ་མཇུག་གཡས་གཡོན།
ཡུག་པོ།	3500~4000	ཟླ་བ་བརྒྱད་པའི་ཟླ་དཀྱིལ་གཡས་གཡོན།	ཟླ་བ་དགུ་པའི་ཚེས་ཤར་གཡས་གཡོན།
	4000~4500	ཟླ་བ་དགུ་པའི་ཚེས་ཤར་གཡས་གཡོན།	ཟླ་བ་དགུ་པའི་ཟླ་མཇུག་གཡས་གཡོན།

如何进行晾晒与储藏？

籽粒晾晒与储藏：脱粒后及时进行晾晒，一般晾晒5~7 天，含水量达到 13% 以下时将干燥的种子装袋储藏。

青饲料晾晒与储藏：集约化生产时宜建立青储窖、青储塔。个体农户宜将割倒的青饲草就地平铺或小堆晾晒，含水量降到 20% 以内时即达到安全储藏界限。

བསིལ་སྐམ་དང་ཉར་ཚགས་ཇི་ལྟར་བྱེད་དགོས།

འབྲུ་རྫོག་བསིལ་སྐམ་དང་ཉར་ཚགས། འབྲུ་རྫོག་སྤྱིར་བཏང་ནས་ཉིན་5~7བར་བསིལ་སྐམ་གཏོང་དགོས། འབྲུ་རྫོག་གི་ཆུའི་ཚད་བཀྱ་ཆ་13ལས་དམའ་བ་ཡོད་ཚེ་སྣོད་ཆས་ནང་བླུག་ནས་ཉར་ཚགས་བྱས་ན་ཆོག

གཟན་ཆས་ཀྱི་བསིལ་སྐམ་དང་ཉར་ཚགས། ཐོན་ཆེ་བའི་གཟན་ཆས་ཡིན་ཚེ། གཟན་ཁང་རྒྱག་དགོས་པའམ། ཡང་ན་ཚར་བརྩིགས་ན་ཆོག དུད་ཚང་གཅིག་གི་གཟན་ཆས་ཡིན་ཚེ། ས་ངོས་སུ་བཀྲམ་ནས་བསིལ་སྐམ་བྱས་ན་ཆོག གཟན་ཆས་ཀྱི་ཆུའི་ཚད་བཀྱ་ཆ་20ལས་ཆུང་དུས་ཉར་ཚགས་བྱས་ན་འཚམ་ཤོས་སུ་སླེབས་ཡོད།